Marc Steiner

DAS BESTE VON PFUSCH AM BAU

Bibliografische Information der Deutschen Nationalbibliothek:
Die Deutsche Nationalbibliothek verzeichnet diese Publikation in der Deutschen Nationalbibliografie. Detaillierte bibliografische Daten sind im Internet über https://dnb.de abrufbar.

Für Fragen und Anregungen
info@m-vg.de

Mehr Pfusch am Bau gibt's hier:
www.fb.com/pfuschambaugmbh
www.baufun.shop

Wichtiger Hinweis
Ausschließlich zum Zweck der besseren Lesbarkeit wurde auf eine genderspezifische Schreibweise sowie eine Mehrfachbezeichnung verzichtet. Alle personenbezogenen Bezeichnungen sind somit geschlechtsneutral zu verstehen.

Originalausgabe
2. Auflage 2026

Türkenstraße 89
80799 München
Tel.: 089 651285-0

Layout: Laura Osswald
Umschlaggestaltung: Isabella Dorsch
Umschlagabbildungen: Dennis Bauth; Alexander Boegershausen; Malvine Brockmeyer; Kunscht; Patrick Moser; Bene S; René Eberhardt; Imperial; Andreas Vela Sanchez
Satz: Daniel Förster
Druck: Florjancic Tisk d.o.o., Slowenien
Printed in the EU

ISBN 978-3-7423-2558-7

Marc Steiner

DAS BESTE VON PFUSCH AM BAU

DEN REST MACHT DER MALER

riva

Vorwort

Nun ist es wieder so weit. Du hältst das neue »Pfusch am Bau«-Buch in deinen Händen.

Wer hätte gedacht, dass die einst als Spaß gedachte Facebook-Seite mittlerweile über eine Million Fans hat und heute das dritte Buch erscheint? Seit nunmehr elf Jahren betreibe ich die Seite mit meinem Freund Andy. Tag für Tag suchen wir die besten Einsendungen, die ihr uns zuschickt, aus, um sie euch auf Facebook und Instagram zu zeigen und gemeinsam darüber zu lachen oder auch zu diskutieren.

Als dann zum Jahresanfang die Anfrage des riva Verlags kam, ob wir uns vorstellen können, wieder ein Buch auf die Beine zu stellen, haben wir gar nicht lange gezögert und direkt zugestimmt. Denn eigentlich ist das Buch von euch und für euch. Ohne eure täglichen Einsendungen skurriler Baustellenfails wäre dieses Projekt gar nicht zu stemmen gewesen. Vielen Dank dafür.

Aber wir Handwerker sind Macher und labern nicht viel, also wünsche ich dir viel Spaß mit deinem Exemplar!

Viele Grüße

Marc

Die Natur gewinnt letztendlich immer.

Schöne
Aussicht!

Gut gemeint ist nicht gleich gut gemacht.

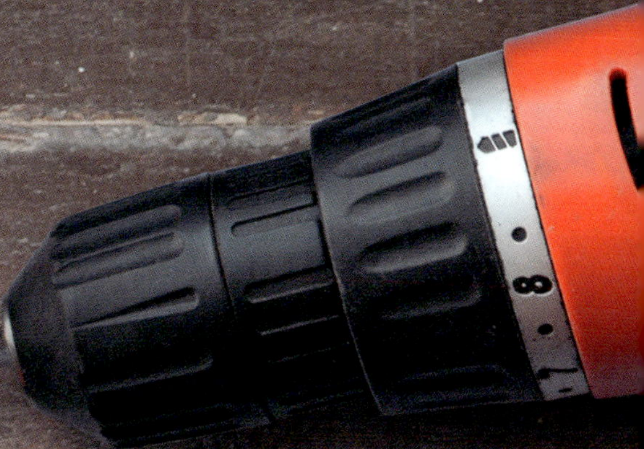

Der meistgesprochene Satz gegenüber Azubis?! »Ich zeig dir jetzt mal, wie man das eigentlich nicht macht. So geht's aber schneller.«

24,5cm

Loch an Loch und hält doch.

Bis zum Auszug wird's wohl halten.

Die Heizung kann man mal wieder putzen.

Bierbank mal anders

Hochmut kommt vor dem Fall.

Ist das Kunst oder kann das weg?

Wenn Handwerker Restrohre verwursten.

Wo ein Wille ist, ist auch ein Weg.

Ich bin Maurer,
kein Uhrmacher.

Zwei Fliesenleger.
»Wo sind denn die ganzen Fliesen hin?«
»Die muss ich wohl verlegt haben.«

Nach fest kommt ab und nach ab kommt teuer.

PaB
Erkenntnis des Tages:
Arbeitsschutzkleidung schützt
gar nicht vor Arbeit!
HEIMWERKER-
SPRÜCHE

Das ist nicht schief, das hat Gefälle.

Alles streng nach Bauvorschrift.

Finde den
Fehler.

Die sieben Leben eines Handwerkers

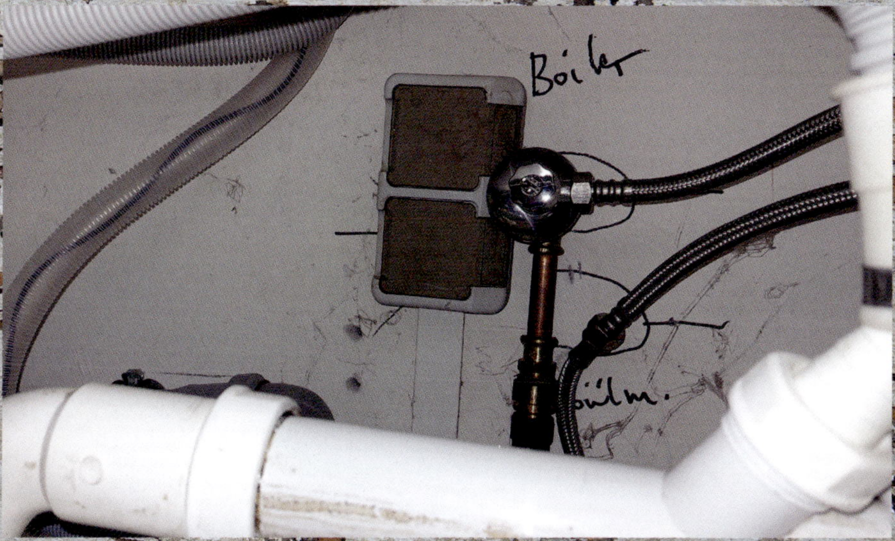

Hätte man vielleicht doch nicht schwarz machen lassen sollen.

Passt, wackelt und hat Luft.

Mut zur Lücke

... ganz helle Leuchte ...

Wir kommen morgen wieder.

Kannste schon so machen.
Ist dann halt Mist.

Fliesen fachgerecht verklebt

Fünf Minuten dumm stellen erspart einem manchmal eine Stunde Arbeit.

Was war zuerst da? Die Heizung oder der Estrich?

Rote Ziegel waren im Angebot.

Not my job.

Für die Gäste nur das Beste

Wenn der Handwerker
zu teuer war.

Wir haben wirklich getan,
was wir konnten.

»Ich hab ein Problem, kannst du mir helfen?«
»Klar, wie groß soll es denn werden?«

Planung ist alles.

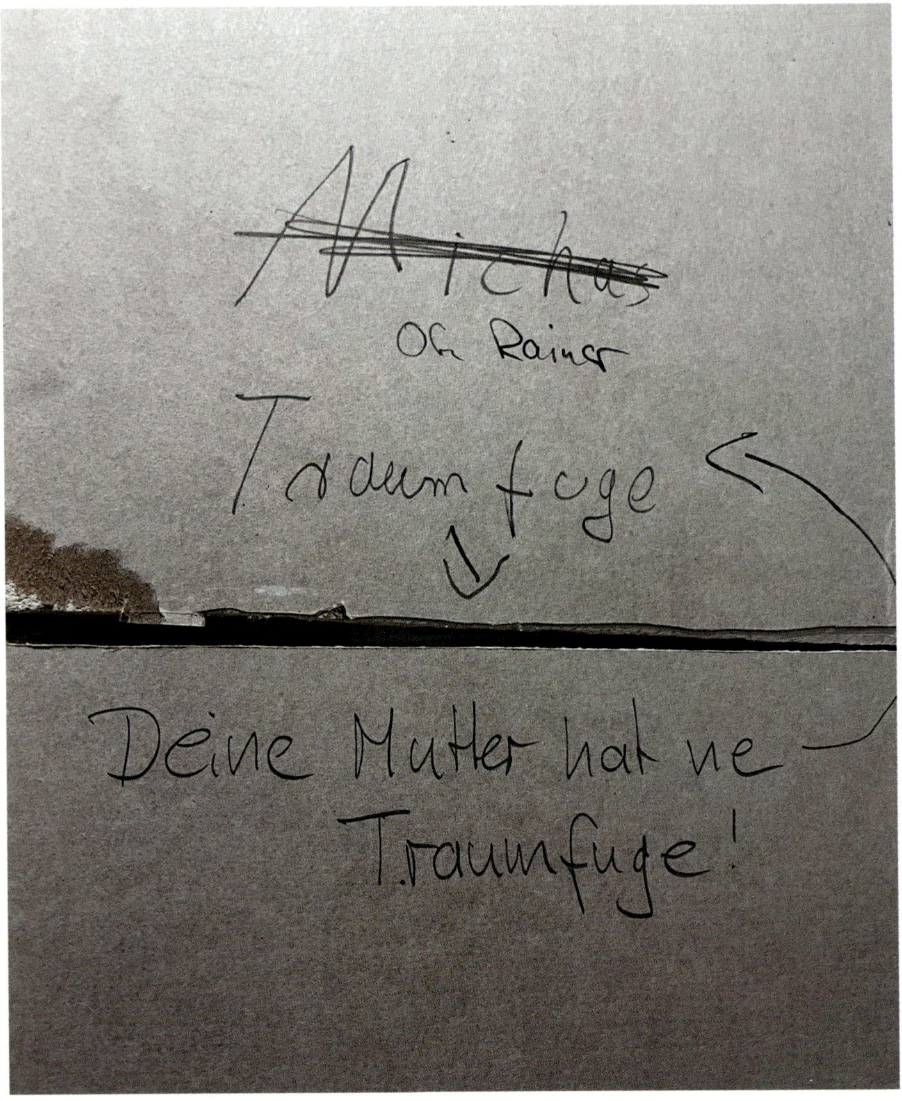

Baustellenromantik

Meine Gartenarbeit besteht hauptsächlich daraus, die Schnecken zum Nachbarn rüberzuwerfen.

HEIMWERKER-
SPRÜCHE

Baukleber: die Allzweckwaffe …

Die andere Firma hätte das auch nicht besser hinbekommen.

»Heinz, haben wir nicht noch Material von der letzten Baustelle?«

Das jahrelange Tetris-Spielen hat sich ausgezahlt.

Putz ist die halbe Mauer.

Okay, nächstes Mal mache ich das wieder nüchtern.

Es ist noch kein Meister vom Himmel gefallen – für gefährliche Arbeiten hat der seine Lehrlinge!

Die Feinarbeit macht
der Verputzer.

Wer braucht schon eine Waage,
die wiegen kann?

267
Der Wille war da.

So stirbt man standesgemäß:
Der Gärtner beißt ins Gras.
Den Elektriker trifft der Schlag.
Der Maler kratzt ab.
Der Kfz-Mechaniker schmiert ab.
Der Maurer springt von der Schippe.

»Ich kann das, ich hab ein YouTube-Tutorial gesehen.«

Ehrlich, das war schon so.

LEOV
Handwerker pfuschen nicht, sie sind kreativ.

Um die Ecke
gedacht.

Freitag kurz vor Feierabend?

Wenn man die
Steigetrasse
durch's WC
montiert.

Roca
Wer Mist misst, misst Mist.

Improvisation ist alles.

»Chef, wir haben nun alles verbaut – aber wir brauchen noch Pressmuffen auf der Baustelle!«

Mit Silikon und Schaum
kannst du ganze Häuser bau'n!

Da stellen wir 'ne Pflanze vor.

Wer meint, ein guter Handwerker sei zu teuer, hatte noch nie einen schlechten.

Alles streng nach Plan des Architekten.

Guter Pfusch ist besser als schlechte Arbeit.

Man muss mit dem
arbeiten, was man hat.

Absolut frostsicher.

Wenn man die Arbeiter
bei Wish bestellt.

Ich habe Fragen ...

70

Nur die Harten kommen in den Garten.

Das sieht man nur, wenn man ganz genau hinguckt!

»Du fängst links an, ich rechts. Geht viel schneller!«

Sichtschutz extrem

PaB
Wir haben zwar erst Sonntag, ich fühle mich aber wirklich schon extrem belästigt vom Montag.
HEIMWERKER-SPRÜCHE

Schachmatt!

Was nicht passt, wird passend gemacht.

Der Baumarkt hatte gerade Restposten im Angebot.

»Genie«

Hier stimmt was nicht …

»Das ist eine Schattenfuge.«

»Wozu soll ich den Handwerker rufen? Das erledige ich selbst!«

Es gibt nichts Nervigeres als zu wenige Steckdosen im Wohnzimmer.

Das guckt sich weg.

Von BEGEHBAREM Balkon
war in der Wohnungsanzeige
keine Rede.

Des Handwerkers Kunst ist, den Pfusch zu vertuschen.

84

Bauch einziehen bitte!

Ohne Worte

Rest in Pieces.

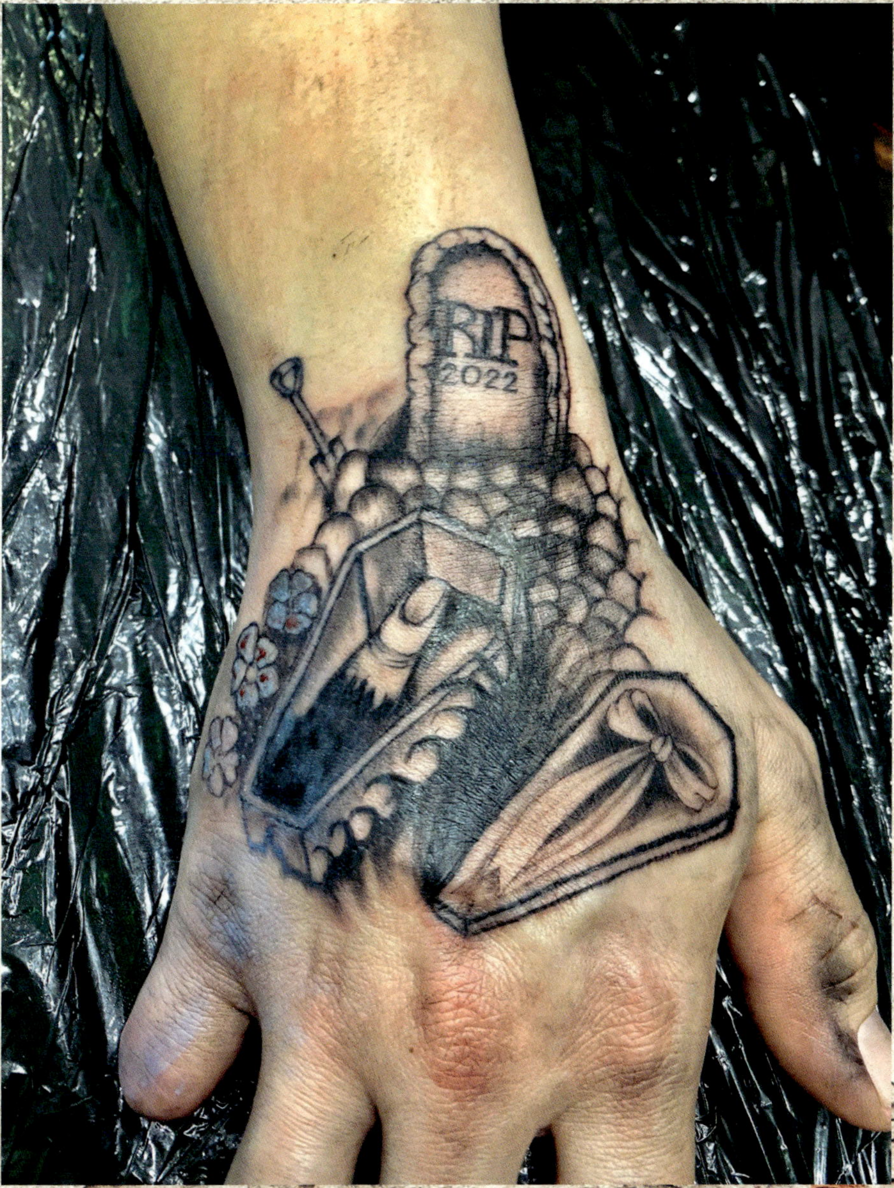

»Gib Gas, Heinz!«

Bei der Bierwahl wundert mich nichts …

Echter Handwerkerkaffee

»Das ist reine Gewöhnungssache, das sehen Sie in einem halben Jahr gar nicht mehr.«

Design geht vor.

Absolut kindersicher.

Montag ist Schontag.

Hauptsache, es hält.

GerüstSICHERung

Wenigstens hat man Meerblick.

Viele Köche
verderben den Brei.

**Faul darf man sein,
nur nicht dumm.**

»Chef, wir haben noch Zaun-Elemente über!« »Verbauen! Auf jeden Fall verbauen, sind bezahlt!«

Schön ist anders.

Es gibt Leute, denen guckst du in die Augen und du weißt: Die fragen sich, warum Eimer unten zu sind.

HEIMWERKER-SPRÜCHE

Wassernapf für Hunde

Das hält später alles in sich.

»Klar kann ich messen – aber sägen geht schneller!«

Klug ist, wer sich
zu helfen weiß.

Wenn es in die Suppe hagelt,
ist das Dach wohl schlecht
genagelt.

Bei Klempners zu Hause

»Schatz, hast du den Besen gesehen?«

Hast du keine Lust auf Bohren, bau dir ein Gerüst aus Rohren.

Das war wohl ein Griff ins Klo.

108

Ein Gully sollte keine Insel sein.

Das fällt später gar nicht auf.

Wenn der Kunde schon mal vorgearbeitet hat ...

Das Dach ist erst dann
gelungen, wenn kein
Wasser eingedrungen.

»Wir pfuschen nicht, wir lassen unserer Kreativität freien Lauf!«

Da war doch
Alkohol im Spiel.

Grün, grün, grün sind alle meine Wände …

Du kommst hier nicht rein!

Wintergarten in München-Schwabing

Die letzten Worte eines Elektrikers? »Was'n das für'n Kabel?«

Typisch deutsch.

Der Grund, warum Frauen länger leben als Männer.

Alles lief nach Plan, nur der Plan war kacke.

Ausgebessert ist ausgebessert.

Zahlenschloss mal anders

Bildnachweis

Seite 6
Denis Gärtner

Seite 7
Sascha Sova

Seite 8
Thomas Baidinger

Seite 9
Shutterstock.com/RSplaneta

Seite 10/11
Nico

Seite 12
Nico Bonert

Seite 13
Lisa-Marie Krieger

Seite 14
Roy Weikum

Seite 15
Florian Schötz

Seite 16
Uwe Schütte (unten)

Seite 17
Christoph Köttker

Seite 18
Inga Zivkovic

Seite 19
Karsten Kuhnert

Seite 20
Marc Caldwell

Seite 21
Shutterstock.com/
Blazej Lyjak

Seite 22
BZ (oben)

Seite 23
Mallory Schmitt

Seite 24
Lucas Isler

Seite 25
Martin Christ

Seite 26
Kunscht

Seite 27
SXT Music

Seite 28
Friedrich Topp

Seite 30
Patrick Moser

Seite 31
jochen monotOne (unten)

Seite 32
Dominique Hetzer

Seite 33
Malvine Brockmeyer

Seite 34
Sly Köppen

Seite 35
Jan Langner (oben)

Seite 36
Steffen Krause (oben)
Balazs Horvath (unten)

Seite 37
Alexander Euler

Seite 38
Philip Zucker

Seite 39
Shutterstock.com/Tendo

Seite 40
René Eberhardt

Seite 41
Boris Müller

Seite 42/43
DerDachdecker

Seite 44
Malvine Brockmeyer

Seite 45
Stift & Nico

Seite 46
Bene S

Seite 47
Timo Doll

Seite 48
Jonas Rübesam

Seite 49
Lucien Hermes

Seite 50
Dominik Richter

Seite 51
Shutterstock.com/
Bannafarsai_Stock

Seite 52
Ben-Horn.de

Seite 53
Dennis Bauth

Seite 54
Olaf Ebeling

Seite 54
Olaf Ebeling

Seite 55
Jan Poser

Seite 57
Silvio Hoffmannbeck

Seite 58
Andreas Vela Sanchez

Seite 59
Beda Zimmermann

Seite 60
Michael Fritz

Seite 62
Dennis Bauth (oben und unten)

Seite 63
Rea S.

Seite 64
Ufuk Avci

Seite 65
Sascha Bock

Seite 66
Imperial

Seite 67
Matthias Peithmann

Seite 68
Diana Hottner

Seite 69
Franz Berlich

Seite 70
Benjamin Heckmann

Seite 71
Angelique Stellpflug (oben)
MK (unten)

Seite 72/73
Patrick Harder

Seite 74
Damian Schiffer

Seite 75
Shutterstock.com/
bogdanhoda

Seite 76
Alexander Pastian

Seite 77
Alexander Boegershausen

Seite 78
Else

Seite 79
Henry Kosteletzky

Seite 80
Toshos (oben)
Robert Grosek (rechts)

Seite 81
Alexander Thiel

Seite 82
Gurkenpetra

Seite 83
Pazzi

Seite 84
Der kleine Maler

Seite 85
Carsten Janczak

Seite 86
Hannes

Seite 87
Sabine Follrichs

Seite 88
Alex (unten)

Seite 89
Torsten Edelmann

Seite 90
Daniel Claus

Seite 91
LOL (oben)
Willy Wuff (unten)

Seite 92
Pazzi (oben)
Yannik Schröder (unten)

Seite 93
FABIANER

Seite 94
Sebastian Mücke

Seite 95
Kai Brunner

Seite 96
Andreas Hasenöhrl

Seite 97
Sheldon Presley

Seite 98
Basti

Seite 99
Shutterstock.com/
AVN Photo Lab

Seite 100
Jeanina Lengefeld

Seite 101
luigis.brother